Du Principe

DE

L'HÉRÉDITÉ.

Ils se sont donné la peine de naître.
FIGARO.

Le genre humain est en marche et rien ne
le fera rétrograder.
DE PRADT.

Paris,

BREAUTÉ, LIBRAIRE, PASSAGE CHOISEUL,
Nᵒˢ 60 – 62;

ET TOUS LES MARCHANDS DE NOUVEAUTÉS.

1830.

IMPRIMERIE DE CARPENTIER-MÉRICOURT,
RUE TRAÎNÉE, N° 15, PRÈS SAINT-EUSTACHE.

Du Principe

DE

L'HÉRÉDITÉ.

En présence de la révolution nouvelle qui s'opère parmi nous, une grave question se présente à tous les esprits. La génération du roi déchu a-t-elle quelque droit légitime, imprescriptible à son héritage? ou bien, la nation peut-elle transférer à qui bon lui semble, le titre et les pouvoirs du chef de l'État?

Question dont l'interprétation est immense, la solution extrêmement facile.

Qu'est-ce que c'est que la légitimité pour nous, hommes de 1830, qui avons à peine entrevu la révolution de 89? C'est un mot vide de sens, une idée incompatible avec nos mœurs actuelles, un principe dont la base repose sur le passé que nous ne connaissons plus. Si quelque chose a paru singulier depuis quinze ans, c'est bien certainement

4

l'obstination de quelques imaginations supérieures
et éloquentes, à vouloir toujours faire d'une nation
la propriété simple et héréditaire d'une famille, et
comme un legs d'hommes transmissible à la plus
reculée postérité. Peut-être trouverait-on l'excuse
d'un beau talent perdu ou égaré dans je ne sais
quel fanatisme de dévouement que nous respectons
sans le comprendre, et dont riront nos neveux,
sans le comprendre mieux que nous. Cette excuse,
bonne tout au plus pour une imagination affamée
d'émotions sentimentales, ou vivant des débris du
passé; cette excuse, corollaire d'un préjugé, n'est
plus qu'un ridicule aux yeux de ceux qui pensent.
Le temps est venu où, en politique, il n'y a plus
réellement qu'une affection, celle de la Patrie. Il
est impossible de concevoir l'intérêt d'un seul in-
dividu, quand il s'agit du salut de tous. L'homme
qui règne n'est qu'une fiction; sa place est un
mandat; il représente une société, par conséquent
peu importe que son père ait ou n'ait pas convenu
à nos pères; le point capital est qu'il nous convienne, qu'il convienne à la société contemporaine qu'il doit personnifier. Devant cette mission
se taisent toutes les haines, toutes les amitiés,
toutes les traditions; les liens de famille s'oublient
sans se corrompre; le roi n'est plus que l'homme
de la nation, l'enfant de son siècle; son droit,
c'est la loi; sa consécration, la liberté; son em-
blême, le progrès.

En vérité, quelle plaisanterie mauvaise, que de parler encore d'hérédité, d'abdication, et de mille autres facéties ! La longue série de ces grands mots donnait à certains événemens de l'histoire une importance désormais méprisée. Autrefois, la légitimité, c'était la force. La force ne faisait pas le droit, mais elle établissait le fait, et le fait était toute la logique de la force. La civilisation s'élargissant à peine, cette doctrine plaisait singulièrement à nos ayeux qui révéraient les rois, ainsi qu'une merveille. Ils trouvaient tout simple d'obéir à ceux qui les menaient le fouet à la main, parce qu'ils les pensaient d'une essence supérieure à la nature humaine. Le roi, comme un bon fermier, léguait ses vaches à ses enfans. C'était sa propriété particulière ; il était bien libre d'en disposer.

Aujourd'hui, la légitimité, c'est le vœu de la nation. La nation ne prétend point établir l'égalité des droits que donnent l'intelligence et l'éducation ; cette égalité ne peut subsister. Ce qu'elle veut, c'est l'égalité des droits naturels. Celle-ci est impérissable : or, selon les lois de la nature, les hommes réunis en société ont le droit de choisir un d'entre eux pour surveiller l'intérêt commun. Ses fonctions ne doivent résulter que du besoin du moment ; son pouvoir peut être divin par les lois, car les lois seules sont divines, mais il faut qu'il soit borné par la puissance de la société, car à la société seule appartient la puissance. En droit naturel, l'hérédité politique est donc une absurdité. Cette institution, d'invention humaine, est mortelle comme son origine; qu'elle meure enfin, puisque son temps est passé. Pour mériter le glorieux titre de premier citoyen d'une nation, il ne faut plus que le sacre de l'intelligence; pour le recevoir, il ne faut plus que le consentement du peuple qui le confère. Voilà la véritable légitimité.

Je ne parle pas du droit divin.

L'ancienne charte, compilation indigeste du plus faux des Bourbons, renferme une anomalie choquante, mais qui dut rester inaperçue dans un ordre de choses aussi incertain et aussi transitoire que la restauration. Voici arrivé l'instant d'en faire justice. Cette charte proclamait solennellement l'égalité des Français devant la loi, et cependant maintenait l'hérédité de l'un des trois pouvoirs politiques dans une seule famille, sans l'aveu de la nation, sans prévision des besoins de l'avenir; sans souci des crimes du passé, elle façonnait à sa guise une progéniture de rois, et les dotait d'un trône à perpétuité. Inconcevable folie que l'embarras d'une crise et la promptitude de la rédaction peuvent seuls excuser! On ne manquera pas de me jeter au nez cette banale réponse : en abolissant l'hérédité, on exposait l'État à une commotion plus ou moins violente à chaque changement de règne. Les ambitions auraient été sans cesse en mouvement, tandis que la propriété du trône étant confiée à une seule et même famille, les successions au pouvoir s'opèreront sans trouble aucun pour le pays, et sans interruption pour sa prospérité. Cette horreur philanthropique des dissentions intérieures de la France, éblouit jadis les hommes échappés aux orages de la révolution, et aux servitudes de l'empire; son éloquence demeure sans effet sur nous qui savons nous montrer tout ensemble sages et forts. Un déplacement de rois n'est plus chose qui étonne; on en a tant déplacé depuis quarante ans! Les rois ne devant plus être, comme les assemblées nationales, que l'expression de la société qu'ils dirigent, il est probable, d'après ce qui vient de se passer dans notre pays, que les mutations du pouvoir retentiront faiblement au milieu des masses. Les rois, presque sans s'en douter, se trouveront portés sur le trône; le principe, et non l'homme, triomphera; et les peuples, dans l'éternel labeur de la civilisation, ne lèveront plus la tête vers leur souverain, que pour y voir l'idée morale conductrice de leur marche intellectuelle.

Les rois ne sont donc plus que ce que nous voulons bien les faire. Ainsi changer de règne et changer de roi doivent, selon la nécessité des circonstances, devenir synonymes. L'hérédité peut tomber sans que sa chûte préoccupe gravement les esprits; ses racines sont pourries; il ne faudra pas grand effort pour arracher du sol l'arbre sans sève et sans vigueur.

Mais, dans cette institution gothique, il y a un principe bien autrement funeste, dont le développement depuis quinze ans pèse sur nos têtes de toute sa folie. Remettre dans les mains d'une famille la propriété du pouvoir, n'est-ce pas infecter ce dépôt de l'incurable lèpre des traditions? N'est-ce pas accepter par avance pour toute une nation la pensée unique et héréditaire d'un petit nombre d'individus? Une famille, par son caractère même patriarchal, ressemble parfaitement à un état despotique. Malgré le bienfait de l'éducation, les idées se transmettent toutes faites du père au fils, parce qu'on voit toujours debout derrière elles ces fantômes d'honneur nobiliaire et de piété filiale qui ont entravé tant de fois l'amélioration des gouvernemens. Les doctrines du passé se perpétuent malheureusement avec une incroyable facilité. Leur semence est surtout féconde quand des liens de parenté, de passion ou de mysticisme les attachent comme autant de furies aux pas des individus qu'elles égarent... Dès-lors le préjugé sans cesse combattu, revit sans cesse avec plus d'inconséquence et de force. Il passe dans le sang, avec les plus nobles vertus, comme une maladie héréditaire; et, faut-il le dire, souvent les nations, stupidement confiantes à l'hérédité, ne peuvent arrêter cette contagion interminable qu'en répandant quelque peu de ce sang pour que le poison s'écoule avec lui ! C'est-là que les Bourbons et les Stuarts ont trouvé la source de la longue suite de leurs désastres politiques. Toujours malheureux et jamais corrigés, ils ont lassé la patience des peuples qui ont fini par rejeter de leur sein ces quelques hommes nés pour les souffrances de la terre. L'histoire de leurs pères était devant leurs yeux non pas comme un enseignement, mais comme un miroir ; ils pensaient, les insensés, ce qu'on avait pensé un siècle avant eux, et ils croyaient marcher avec leurs nations ! Nous avons parmi nous des exemples frappans de cet aveuglement de race qui précipite les membres d'une famille successivement dans la même voie de perdition. Ne voyons-nous pas de nos jours des hommes possédant un grand esprit, conserver un tel engouement pour les traditions héréditaires, qu'ils usent leur génie à soutenir un édifice dont la chûte les écrase. Ils croiraient manquer à leur caractère, à leur destinée en abandonnant ce qu'ils ont défendu, comme s'il y avait honte à répudier le protectorat de ceux dont la raison et l'humanité réprouvent la mission ! Leur culte peut être un beau modèle de fidélité, mais il est un sacrilége en patriotisme. Ce qu'il y a surtout d'anti-social, c'est qu'il persuade aux rois que leur cause est toujours bonne puisque de belles âmes continuent d'en embrasser la défense. Alors, le dévouement de ces auxiliaires et leur scrupuleuse observation des doc-

trines du passé achèvent de les mettre en opposi-
tion avec l'humanité tout entière ; et si , pour
comble de monstruosités, le ciel avare leur a refusé
la moindre étincelle d'intelligence , grâce à l'admirable invention de l'hérédité, la nation la plus
éclairée devient momentanément la victime du
plus inepte des hommes.

On dit que le principe de l'hérédité a trouvé des
chauds partisans dans la chambre des pairs. Par-
bleu, je le crois bien. L'hérédité de la pairie, cette
autre grande absurdité, repose sur l'hérédité du
trône ; les vices organiques, dans une constitution ,
se prêtent secours ; en défendant la légitimité, l'hérédité, l'inviolabilité de la couronne et toutes les
autres balivernes, messieurs les pairs ne se
montrent pas maladroits. Ils sentent parfaitement
qu'avec les prérogatives de la royauté tombent les
priviléges de leur institution ; et ils jettent feu et
flamme à cette lésion malencontreuse de leur écha-
faudage politique , parce qu'il faudra rentrer dans
les priviléges de l'intelligence ; ce qui sonne très-
mal à l'oreille du plus grand nombre. La pairie,
dans l'origine , ne fut autre chose qu'une transaction
passée entre la royauté revenue d'exil et la démo-
cratie épuisée de victoires. Les hommes sages re-
doutaient les souvenirs encroutés de l'une , et la
jeune turbulence de l'autre. On pensa qu'un troi-
sième pouvoir dans l'État, constitué d'une manière
imposante, arrêterait les empiétemens des deux

partis, et par un ingénieux équilibre, éteindrait insensiblement toutes les inimitiés. Pour donner une base solide à la pairie, on la rendit héréditaire. Ce fut donc une admirable institution transitoire : depuis quinze ans la raison publique a grandi de manière à sentir la gêne d'une précaution dont la nécessité n'existe plus. Il en est de l'hérédité de la pairie comme de l'abaissement de l'âge de l'éligibilité. Ces questions, très-hardies à la restauration, aujourd'hui trouvent une solution unique dans tous les esprits. Les pairs n'ont donc pas beau jeu à soutenir l'hérédité de la couronne ; pour les punir d'une résistance inutile, on pourrait bien, après avoir aboli l'hérédité de leur dignité, penser à autre chose, et leur rogner les ongles à plus d'un doigt. Qu'ils veuillent bien se tenir tranquilles ; qu'ils acceptent sans murmure les conséquences du mouvement populaire qui nous entraîne. Le temps n'est plus où l'anarchie prenait naissance dans une révolution. Les Français ont trop gagné en nationalité pour perdre les traces d'une sage rénovation politique. Seulement, l'hérédité, la légitimité, l'abdication, le droit divin, toutes ces expressions de la féodalité doivent disparaître des langues humaines. Le vrai caractère des rois aujourd'hui c'est d'être homme ; et cette condition les soumet à toutes les chances de leur nature. La société se personnifie dans eux ; par conséquent, ils suivent son éducation, et ne la précèdent pas. Elle leur inflige des châtimens, si la trahison les égare, comme on punit un dépositaire infidèle. La place est assez belle pour que la vengeance soit prompte et éclatante. Ils ne tiennent rien de Dieu, si ce n'est la vertu que l'humanité ne donne pas. Car tous les hommes sont égaux devant Dieu ; la vertu seule les distingue. Et si quelqu'œuvre de la société pouvait rappeler la coopération du ciel c'est la loi. Oui, la loi est divine, puisqu'elle rétablit l'égalité naturelle que la civilisation nous a fait perdre.

Telles sont les idées qui doivent aujourd'hui présider partout à la condition civile des rois. La France a donné le signal, c'est à l'Europe à imiter son exemple et à suivre le chemin qu'elle a glorieusement ouvert. Les populations étaient tourmentées ou partagées en deux grandes parties ; l'une supérieure en nombre, en lumière, en mérite, réclamait l'égalité des droits ; l'autre, inférieure en tout, repoussait le principe de tout le pouvoir qui était en ses mains. Grâce à nous, il est enfin permis de prévoir quand finira ce combat du juste et de l'injuste, du droit et de la force, du privilége et de l'égalité.

Une conspiration puissante s'était organisée contre la nouvelle civilisation, et avait osé concevoir un plan de rétrogradation universelle. Deux mondes marchaient en sens contraire, les peuples et les gouvernemens. Une guerre est ouverte entre les principes et les préjugés, entre l'erreur et la vérité. Toute l'Europe combat pour celle-ci; qu'adviendra-t-il de celle-là? la défaite et l'oubli.

La crainte a fait plus pour l'avantage des peuples que la bienveillance des rois. Ceux-ci refusaient à la plainte et n'accordaient qu'à la menace. L'histoire nous apprend que les rois n'ont exaucé que les prières armées, *preces armatœ*.

La ligue des rois aurait le danger d'amener en imitation la ligue des peuples, à qui l'on trace imprudemment leur politique future. Leur réunion est un aveu que l'heure est venue de renverser pour toujours les hommes pourris du passé. Les rois menacent tout parce qu'ils craignent tout. Ils déploient plus de forces contre un être métaphysique, l'opinion, que contre des armées conquérantes; ils se rangent en bataille contre des idées. Mais quelque forte que soit la pression qu'ils font sentir aux peuples silencieux et non abattus, tranquilles et non soumis, qu'ils ne s'y trompent pas!... la révolution française vient de renouveler son cours, et elle le poursuivra partout en face de leurs soldats, de leurs agens, de leurs prêtres. Mais ce n'est plus la révolution armée de haches; c'est la révolution régulière, calme, et assez défendue par la seule force de son principe. C'est l'esprit de réforme qui saisit tous les esprits. Les peuples plus doux, plus éclairés, aimeraient mieux obtenir que de ravir; mais s'ils n'obtiennent pas, qui sera coupable s'ils ravissent !... Les ordres des peuples sont des renversemens.

Pendant sept ans la France avait gémi sous un ministère dont le fanatisme contre-révolutionnaire ne s'arrêta qu'à l'échafaud. A peine échappée aux ridicules et sanglantes réactions de 1815, elle a vu le gouvernement se plaire à en exhumer les proscriptions et les catégories, les coups d'état et les ordonnances à la baïonnette ; elle a vu sa représentation nationale outragée, ses enfans massacrés, ses économies dilapidées.... Qu'en est-il advenu ? On voulait étouffer l'esprit constitutionnel, et on l'a universalisé. La nation acceptait en silence les actes de son ministère en délire, mais ils étaient pour lui un contrat de mort. Le 27 juillet est venu ; le contre-coup de la chute du ministère a frappé une famille abhorrée... Espérons que le sang des victimes aura une semence comme le sang des martyrs.

Voilà la leçon de l'Europe. La majesté des rois est perdue. Dans la situation actuelle des sociétés, trois jours seront un poids dans la destinée des empires. Les événemens se pressent avec une promptitude qui révèle l'agitation du monde ; cette agitation elle-même sera plus vive de jour en jour, et le mouvement ne cessera point que les peuples n'aient conquis le degré de bonheur qu'ils ont conçu, la concession des droits qui leur appartiennent, et qu'enfin la politique ne soit en harmonie avec la morale publique, et coordonnée à l'état de lumière et de civilisation où l'Europe est parvenu. La situation est violente, mais elle n'est pas incertaine : arrêtons-nous seulement aux traits qu'elle présente.

Ainsi la France, par une victoire populaire, portée tout-à-coup aux sommités de la civilisation contemporaine, objet d'envie et d'admiration de toutes les nations, même de l'Angleterre ; l'Italie, impatiente, n'attendant que le tocsin de Paris pour donner de la crosse sur les fronts huilés des cardinaux ; la moitié civilisée de l'Espagne réduite au silence et au désespoir par sa moitié barbare ; l'Autriche conservant le modèle de la servitude heureuse ; la Prusse travaillée d'une lutte intérieure que les affaires de France décideront ; l'esprit polonais survivant à la Pologne, trop jeune, non pas pour sentir, mais pour comprendre la liberté ; la Russie échappant à la barbarie pour asseoir un empire, dernier refuge du despotisme ; la Turquie s'écroulant enfin aux acclamations des peuples civilisés ; la Grèce prenant rang parmi les nations ; la Suède avec ordre et sagesse marchant à ses nouvelles destinées ; le Danemarck sans mouvement au milieu des sociétés ébranlées ; la Belgique n'ayant qu'un pas à faire pour se mettre avec nous à la tête de l'indépendance européenne ; la Suisse confiant l'esprit simple de ses habitans aux habiles, mais mourantes intrigues des jésuites ; l'Irlande dormant du sommeil du lion ; le Portugal aiguisant dans l'ombre son poignard ; Rome poursuivant la philosophie partout où elle se trouve, et cependant s'en allant par lambeaux dans le grand fleuve de la civilisation ; enfin la superbe Angleterre, appuyée sur l'Amérique dont elle a sanctionné les destinées, planant à la fois sur les mers et sur l'Europe agitée, se levant avec étonnement au bruit des Bourbons qui tombent de tous les trônes, contemplant sans surprise et non pas sans danger les orages qui s'amoncèlent, et essayant de conduire encore des événemens qui la dépassent. Telle est l'Europe au réveil de la Nation Française. Qu'elle admire ou s'indigne, le résultat est infaillible. Le commandement des rois peut remuer la surface des peuples ; le crie de la liberté en remue le fond.

FIN.